《沙尘天气年鉴》（2013 年）编写人员

主　　　　编：魏　丽

副　　主　　编：安林昌　张恒德　康志明

编　写　人　员：

国 家 气 象 中 心：张亚妮　李　明　吕终亮　林玉成

　　　　　　　　　赵彦哲　陈　双

国 家 气 候 中 心：杨明珠　钟海玲　艾婉秀

国家卫星气象中心：李　云　刘清华　杨冰韵

北 京 市 气 象 局：舒文军　王　冀　吴春燕

前　言

　　沙尘天气是风将地面尘土、沙粒卷入空中而使空气混浊的一种天气现象的统称，是影响我国北方地区的主要灾害性天气之一。强沙尘天气的发生往往给当地人民的生命财产造成巨大损失。

　　近年来，随着社会、经济的发展，沙尘天气给国民经济、生态环境和社会活动等诸多方面造成的灾害性影响越来越受到社会各界和国际上的关注。我国对沙尘天气也越来越重视，监测手段的逐渐增多以及沙尘天气研究工作取得的进展，使沙尘天气的预报水平不断地提高，为防御和减轻沙尘天气造成的损失做出了重要贡献。

　　为了适应沙尘天气科学研究的需要，也为各级气象台站气象业务技术人员提供更充分的沙尘天气信息，更好地掌握沙尘天气活动规律，提高预报准确率，国家气象中心组织整编了《沙尘天气年鉴》（2013 年）。年鉴中有关资料承蒙全国各有关省、自治区、直辖市气象局的大力协作和支持，使编写工作得以顺利完成。

　　《沙尘天气年鉴》（2013 年）的内容包括对 2013 年沙尘天气过程概况的描述和沙尘天气产生的气象条件的分析、全年和逐月沙尘天气时空分布及主要沙尘天气过程相关图表等。

FOREWORD

Sand-dust weather is the phenomenon that wind blows dust and sand from ground into the air and makes it turbidity. It's one of the main disastrous weather phenomena influencing northern areas of our country. Great casualties of people's lives and properties occur in these areas because of severe sand-dust weather.

In recent years, with the development of society and economy, the disastrous influence of sand-dust weather on national economy, ecology and social life has become a hot issue in China, even in the world. With more and more attention to sand-dust weather and gradual increment of monitoring ways, the sand-dust weather research has been made and forecast level for this kind of weather has been improved, which contributes a lot to loss mitigation and sand-dust weather prevention.

In order to meet the requirements of sandstorm research, provide more sufficient sand-dust weather information for weather forecasters, National Meteorological Center compiled this "Sand-dust Weather Almanac 2013". The volume of almanac not only assists us by obtaining further knowledge on the behavior of sandstorm and improving forecast accuracy but provides better service for prevention of sandstorm as well. Thanks for the contribution of sand-dust data from relevant meteorological sections. We own the success of this compilation to the great support of all the meteorological observatories and stations country-wide.

"Sand-dust Weather Almanac 2013" covers the annual general situation and meteorological background of sand-dust weather, annual and monthly temporal and spatial distribution charts of different types of sand-dust weather, as well as some charts and tables of main sand-dust weather cases in 2013.

说　明

一、沙尘天气及沙尘天气过程的定义

本年鉴有关沙尘天气及沙尘天气过程的定义执行国家标准 GB/T 20480－2006《沙尘暴天气等级》。

沙尘天气分为浮尘、扬沙、沙尘暴、强沙尘暴和特强沙尘暴五类。

1. 浮尘：当天气条件为无风或平均风速≤3.0 m/s 时，尘沙浮游在空中，使水平能见度小于10 km 的天气现象。
2. 扬沙：风将地面尘沙吹起，使空气相当混浊，水平能见度在 1～10 km 以内的天气现象。
3. 沙尘暴：强风将地面尘沙吹起，使空气很混浊，水平能见度小于 1 km 的天气现象。
4. 强沙尘暴：大风将地面尘沙吹起，使空气非常混浊，水平能见度小于 500 m 的天气现象。
5. 特强沙尘暴：狂风将地面尘沙吹起，使空气特别混浊，水平能见度小于 50 m 的天气现象。

沙尘天气过程分为五类：浮尘天气过程、扬沙天气过程、沙尘暴天气过程、强沙尘暴天气过程和特强沙尘暴天气过程。

1. 浮尘天气过程：在同一次天气过程中，相邻 5 个或 5 个以上国家基本（准）站在同一观测时次出现了浮尘的沙尘天气。
2. 扬沙天气过程：在同一次天气过程中，相邻 5 个或 5 个以上国家基本（准）站在同一观测时次出现了扬沙或更强的沙尘天气。
3. 沙尘暴天气过程：在同一次天气过程中，相邻 3 个或 3 个以上国家基本（准）站在同一观测时次出现了沙尘暴或更强的沙尘天气。
4. 强沙尘暴天气过程：在同一次天气过程中，相邻 3 个或 3 个以上国家基本（准）站在同一观测时次成片出现了强沙尘暴或特强沙尘暴天气。
5. 特强沙尘暴天气过程：在同一次天气过程中，相邻 3 个或 3 个以上国家基本（准）站在同一观测时次出现了特强沙尘暴的沙尘天气。

为了同往年《沙尘天气年鉴》统一，依照中国气象局《沙尘天气预警业务服务暂行规定（修订)》（气发［2003］12 号），本年鉴只统计和分析浮尘、扬沙、沙尘暴和强沙尘暴四类以及浮尘天气过程、扬沙天气过程、沙尘暴天气过程和强沙尘暴天气过程四类。

二、资料与统计方法

2013 年沙尘天气日数和站数、沙尘天气过程和强度等是逐日 8 个时次（时界：北京时 00 时）地面观测资料的统计结果。

具体统计方法如下：

1. 对测站沙尘日、扬沙日、沙尘暴日、强沙尘暴日的规定：

(1) 某测站一日 8 个时次只要有一个时次出现沙尘天气，则该站记有一个沙尘日；

(2) 某测站一日 8 个时次只要有一个时次出现了扬沙、沙尘暴或强沙尘暴，记有一个扬沙日；

(3) 某测站一日 8 个时次只要有一个时次出现沙尘暴或强沙尘暴，记有一个沙尘暴日；

(4) 某测站一日 8 个时次只要有一个时次出现强沙尘暴，记有一个强沙尘暴日。

2. 对某一天沙尘天气、扬沙、沙尘暴、强沙尘暴站数的规定：

(1) 某一天出现沙尘天气站数的总和为该日的沙尘天气站数；

(2) 某一天出现扬沙、沙尘暴及强沙尘暴站数的总和为该日的扬沙站数；

(3) 某一天出现沙尘暴及强沙尘暴站数的总和为该日的沙尘暴站数；

(4) 某一天出现强沙尘暴站数的总和为该日的强沙尘暴站数。

3. 对某一统计时段内沙尘天气总站日数的规定：

(1) 统计时段内逐日沙尘天气站数的总和为该时段的沙尘天气总站日数；

(2) 统计时段内逐日扬沙站数的总和为该时段的扬沙总站日数；

(3) 统计时段内逐日沙尘暴站数的总和为该时段的沙尘暴总站日数；

(4) 统计时段内逐日强沙尘暴站数的总和为该时段强沙尘暴总站日数。

三、沙尘天气过程编号标准

国家气象中心对每年移入或发生在我国范围内的扬沙、沙尘暴、强沙尘暴天气过程按照其出现的先后次序进行编号，编号用 6 位数码，前四位数码表示年份，后两位数码表示出现的先后次序。例如：2013 年出现的第 6 次沙尘天气过程应编为"201306"。

四、沙尘天气过程纪要表内容

沙尘天气过程纪要表包括该年出现的所有扬沙、沙尘暴和强沙尘暴天气过程，其相关内容包括：沙尘天气过程编号、起止时间、过程类型、主要影响系统、扬沙和沙尘暴影响范围和风力。其中主要影响系统是指引起沙尘天气的地面天气尺度的天气系统，主要包括冷锋、气旋、低气压。冷锋是冷气团占主导地位推动暖气团移动的冷、暖空气过渡带，锋后常伴有大风。蒙古气旋产生于蒙古国或我国内蒙古，它由两到三种冷、暖气团交汇而成，通常从气旋中心往外有冷锋、暖锋或锢囚锋生成，气旋发展强烈时常出现大风。低气压是指中心气压低于四周并具有闭合等压线的天气系统。

五、年及各月沙尘天气日数分布图

年及各月沙尘天气日数分布图包括年及各月沙尘天气出现日数分布图、扬沙天气出现日数分布图、沙尘暴天气出现日数分布图和强沙尘暴天气出现日数分布图。

六、沙尘天气过程图表

沙尘天气过程图表包括沙尘天气过程描述表、沙尘天气范围图、500 hPa 环流形势图、地面天气形势图及气象卫星监测图像等。沙尘天气过程描述表中的最大风速是从该次沙尘天气过程中所有出现沙尘天气站点的定时观测中统计出来的最大风速。500 hPa 环流形势图、地面天气形势图的选用原则是能充分反映造成该次沙尘天气过程的环流形势及影响系统，图中 G（D）表示高（低）气压中心，L（N）表示冷（暖）空气中心。

七、沙尘天气路径划分标准

沙尘天气路径分为偏北路径型、偏西路径型、西北路径型、南疆盆地型和局地型五类。

1. 偏北路径型：沙尘天气起源于蒙古国或我国东北地区西部，受偏北气流引导，沙尘主体自北向南移动，主要影响西北地区东部、华北大部和东北地区南部，有时还会影响到黄淮等地；

2. 偏西路径型：沙尘天气起源于蒙古国、我国内蒙古西部或新疆南部，受偏西气流引导，沙尘主体向偏东方向移动，主要影响我国西北、华北，有时还影响到东北地区西部和南部；

3. 西北路径型：沙尘天气一般起源于蒙古国或我国内蒙古西部，受西北气流引导，沙尘主体自西北向东南方向移动，或先向东南方向移动，而后随气旋收缩北上转向东北方向移动，主要影响我国西北和华北，甚至还会影响到黄淮、江淮等地；

4. 南疆盆地型：沙尘天气起源于新疆南部，并主要影响该地区；

5. 局地型：局部地区有沙尘天气出现，但沙尘主体没有明显的移动。

目　录

1 2013 年沙尘天气概况

1.1 沙尘天气过程

2013 年全年我国共出现了 10 次沙尘天气过程，其中扬沙天气过程 8 次、沙尘暴天气过程 2 次。沙尘天气过程数较常年明显偏少，沙尘暴次数为 2000 年以来最少；沙尘天气过程首发时间比 2000－2012 年平均首发时间偏晚将近半个月；沙尘日数为 1961 年以来同期第二少。

10 次沙尘天气过程中西北路径型出现 4 次，偏西路径出现 4 次，偏北路径出现 1 次，其余 1 次为局地型。首次发生的沙尘天气过程为 2013 年 2 月 24 日的扬沙天气过程，末次是 11 月 23 日扬沙天气过程。2013 年影响范围最大的过程是 3 月 8－10 日的沙尘暴天气过程，沙尘天气袭击了新疆南疆盆地、甘肃西北部、内蒙古西部、陕西北部等地。

1.2 沙尘天气日数

2013 年我国西北地区、内蒙古、华北和东北地区西南部的大部分地区以及黄淮、四川盆地、西藏等地的部分地区出现了沙尘天气（图 1.1）。有两个沙尘天气出现日数超过 10 天的多发区，一个位于新疆南疆盆地，沙尘天气日数达 50～100 天，沙尘天气日数超过 100 天的有民丰和塔中，分别达 172 天和 138 天；另一个多发区位于河西走廊和内蒙古西部，沙尘天气日数一般为 15～30 天。

扬沙天气主要出现在我国西北地区、内蒙古、华北、东北地区西南部等地（图 1.2）。扬沙天气也存在两个多发区，位置与沙尘天气基本相同，日数一般有 10～30 天，其中新疆南疆盆地南部可达 25～50 天。

沙尘暴天气出现的区域较扬沙天气明显缩小（图 1.3），主要分布在新疆南疆盆地、青海柴达木盆地、甘肃、内蒙古中西部，沙尘暴日数一般为 1～5 天，其中，新疆南疆盆地部分地区、甘肃西部和内蒙古西部的局部地区超过 5 天，南疆盆地和内蒙古西部局部达 10～14 天。

强沙尘暴天气主要出现在新疆南疆盆地，甘肃西部和内蒙古西部局地也有出现（图 1.4），日数一般为 1～2 天，南疆盆地东南部局部地区达 3～5 天。

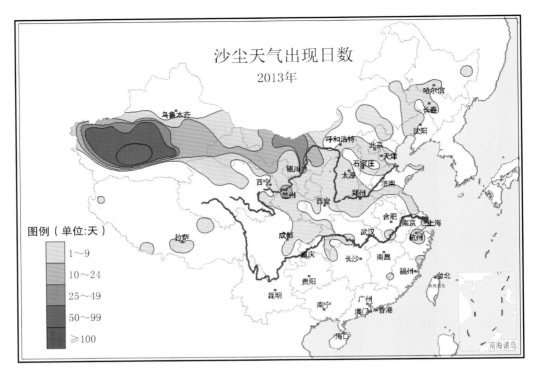

图 1.1　2013 年沙尘天气日数图

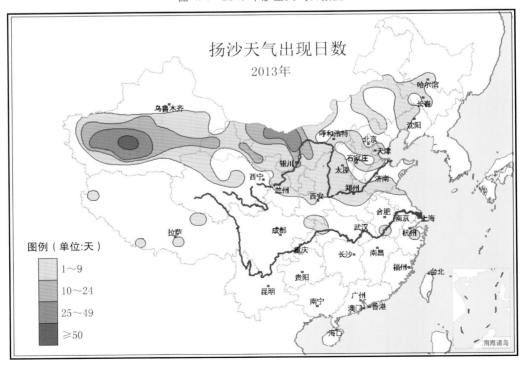

图 1.2　2013 年扬沙天气日数图

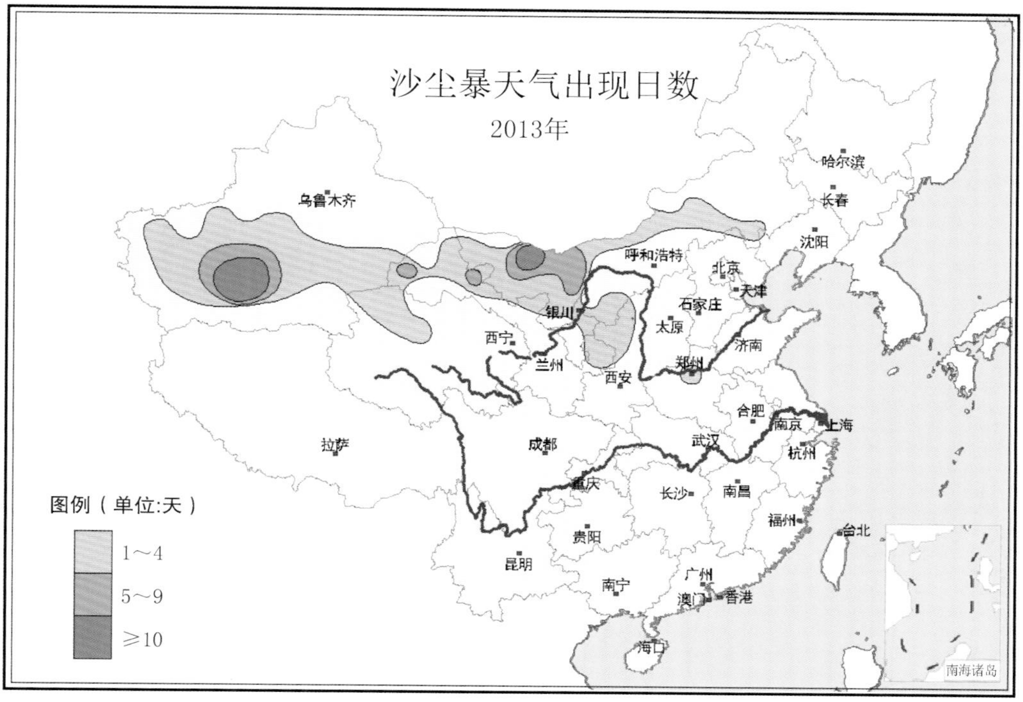

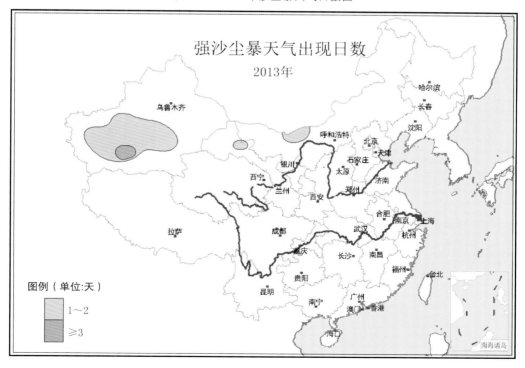

图 1.3 2013 年沙尘暴天气日数图

图 1.4 2013 年强沙尘暴天气日数图

1.3 2013 年春季沙尘天气主要特点

2013 年春季沙尘天气过程次数（6 次）较常年（1981—2010 年）同期（17.2 次）明显偏少，与近 14 年（2000—2013 年）同期（11.5 次）相比仍然偏少，并具有范围偏小、强度偏弱、首发时间偏晚、沙尘暴偏少等特点。

（1）沙尘天气过程次数明显偏少，沙尘暴次数为 2000 年以来最少

2013 年春季，全国共发生 6 次沙尘天气过程（表 1.1），其中扬沙天气过程出现 5 次，沙尘暴天气过程出现 1 次，无强沙尘暴天气过程。沙尘天气过程总数为近 14 年（2000—2013 年）同期第 1 少年，次数明显偏少。沙尘暴天气过程次数明显低于近 14 年同期平均值，与 2011 年并列为近 14 年同期第 1 少年。

表 1.1 2000—2013 年春季沙尘天气过程统计

年份	扬沙 天气过程	沙尘暴 天气过程	强沙尘暴 天气过程	总沙尘 天气过程
2000 年	7	7	2	16
2001 年	5	10	3	18
2002 年	1	7	4	12
2003 年	5	2	0	7
2004 年	9	5	1	15
2005 年	5	2	1	8
2006 年	6	6	5	17
2007 年	5	8	1	14
2008 年	1	8	1	10
2009 年	2	5	0	7
2010 年	8	6	1	15
2011 年	5	1	2	8
2012 年	4	2	2	8
2013 年	5	1	0	6
2000—2013 年平均	4.9	5	1.6	11.5
常年平均（1981—2010 年）	/	/	/	17.2

（2）沙尘日数为 1961 年以来最少

2013 年春季，全国出现沙尘和扬沙的总站数依次为 194 个和 152 个，分别较近 14 年平均值偏少 24％和 15％，出现沙尘暴和强沙尘暴的总站数为 42 个和 9 个，依次较近 14 年平均值偏少 37％和 65％，其中，沙尘暴和强沙尘暴出现的站数为近

14 年同期最少（图 1.5），表明 2013 年春季全国出现沙尘天气的范围明显偏小。

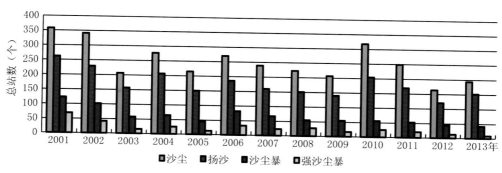

图 1.5　2000－2013 年春季全国沙尘天气总站数逐年变化

2013 年春季全国累计出现的沙尘、扬沙总站日数为 1178 站·天和 522 站·天，分布较近 14 年同期平均值偏少 23％ 和 30％。沙尘暴和强沙尘暴总站日数分别为 80 站·天和 15 站·天（图 1.6），较近 14 年同期平均值偏少 52％ 和 68％。从全国春季平均沙尘日数来看（图 1.7），2013 年春季北方平均沙尘日数为 2.1 天，较常年（1981－2010 年）同期（5.1 天）偏少 3.0 天，比 2000－2012 年同

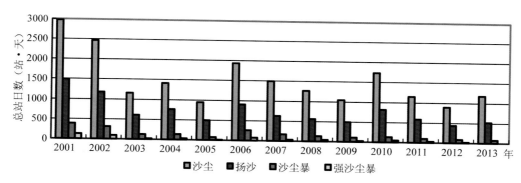

图 1.6　2000－2013 年春季全国沙尘天气总站日数逐年变化

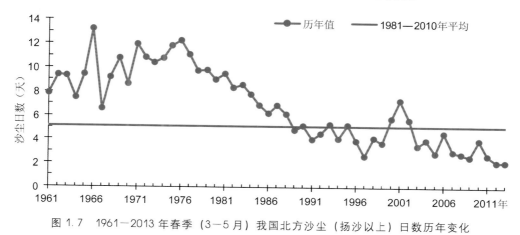

图 1.7　1961－2013 年春季（3－5 月）我国北方沙尘（扬沙以上）日数历年变化

期（3.9 天）偏少 1.8 天，为 1961 年以来历史同期第二少（图 1.7）。平均沙尘暴日数为 0.3 天，分别比常年同期（1.1 天）和比 2000－2012 年同期（0.8 天）偏少 0.8 天和 0.5 天，为 1961 年以来第二少（图 1.8）。

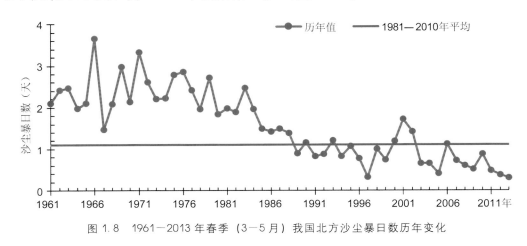

图 1.8　1961－2013 年春季（3－5 月）我国北方沙尘暴日数历年变化

（3）沙尘首发时间略偏晚，但较近三年早

2013 年全国首次沙尘天气过程发生时间为 2 月 24 日，比 2000－2012 年平均首发时间（2 月 11 日）偏晚将近半个月，较 2012 年（3 月 20 日）偏早将近 1 个月（表 1.2）。

表 1.2　2001 年以来历年沙尘天气最早发生时间

2000 年	2001 年	2002 年	2003 年	2004 年	2005 年	2006 年
1 月 1 日	1 月 1 日	2 月 9 日	1 月 20 日	2 月 3 日	2 月 21 日	3 月 9 日
2007 年	2008 年	2009 年	2010 年	2011 年	2012 年	平均
1 月 26 日	2 月 11 日	2 月 19 日	3 月 8 日	3 月 12 日	3 月 20 日	2 月 11 日

1.4　2013 年北京沙尘天气主要特点

2013 年北京观象台沙尘天气日数为 3 天，比常年平均（1981－2010 年，10.1 天）明显偏少。从全市来看，沙尘天气过程为 2 次，分别出现在 2 月 28 日和 3 月 9 日，均有半数以上测站观测到沙尘天气。此外，5 月 19 日出现一次局地性扬沙天气，有 3 个站有记录。

2013 年北京沙尘天气比常年明显偏少，主要原因为：冬春季（2012 年 12 月至 2013 年 5 月）北京地区大风天气明显偏少，例如观象台整个冬春季都未出现大风天气，而常年平均有 8.3 天。大风是沙尘天气发生的动力条件，冬春季大风天气少，致使沙尘天气偏少。

2　2013 年沙尘天气气候背景及成因分析

　　2013 年沙尘天气的影响总体偏轻，但阶段性沙尘暴对我国北方空气质量、交通、工农业生产具有较大影响。其中，3 月 8—10 日的沙尘暴天气过程是年内影响范围最广、损失最重的一次沙尘天气过程。

2.1　西北沙尘源区起沙和沙尘传输动力条件差

　　北极涛动（AO）指数逐日演变显示，虽然 AO 以负指数为主，有利于冷空气向极外扩散，但从春季 500 hPa 位势高度距平场分布（图 2.1）可以看到，中亚至我国中部和西部大部高度场异常偏高，华北东北部和东北地区为负距平控制。另外，春季欧亚地区纬向环流指数为正距平，也表示影响我国冷空气势力不强。在低层，850 hPa 春季高度场及风场的距平显示（图 2.2），乌拉尔山至贝加尔湖及我国东北、华北区域为带状负高度距平及异常气旋性环流所控制，西伯利亚高压区的高度场明显偏弱，我国西北部区域为偏南风距平控制，表示影响该地区的冷空气势力弱；而东北地区大部为西北风距平控制，冷空气影响频繁。春季环流的高低层配置导致我国西北地区北部气温异常偏高，而东北地区大部及华北东北部气温偏低（图 2.3），显示了春季影响我国的冷空气路径偏东、偏北，西北沙尘源区的起沙及沙尘传输的动力条件都偏差。

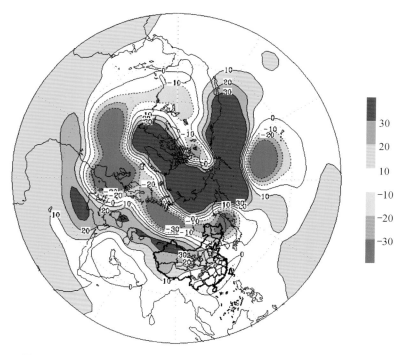

图 2.1　2013 年春季北半球 500 hPa 高度距平场分布图（单位：gpm）

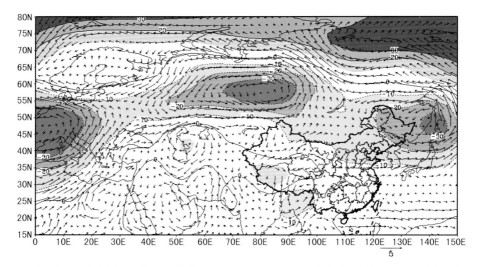

图 2.2　2013 年春季 850 hPa 位势高度距平场（等值线和阴影区）和矢量风场距平分布图
（位势高度距平单位：gpm；风场距平单位：m/s）

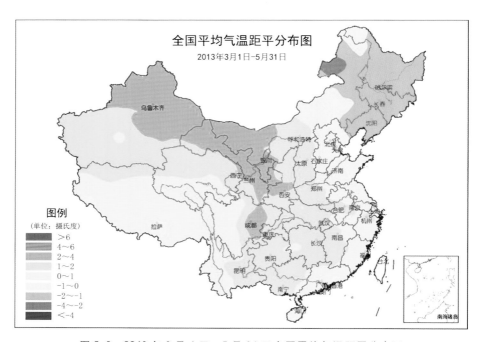

图 2.3　2013 年 3 月 1 日－5 月 31 日全国平均气温距平分布图

2.2　内蒙古中东部、蒙古国前期降水多，植被生长好，起沙受到抑制

　　2012 年春、夏、秋、冬四季，我国内蒙古中东部、蒙古国中东部降水均偏多（图 2.4），尤其在植被生长季（春夏季），内蒙古和蒙古国大部偏多在 50％以上，沙源区植被生长条件良好。卫星植被长势监测（图 2.5）显示，内蒙古中东部植

被长势明显偏好，对 2013 年春季沙尘起到了抑制作用。因此，尽管东北地区、华北地区沙尘输送的动力条件较好，但沙尘天气仍然偏少。

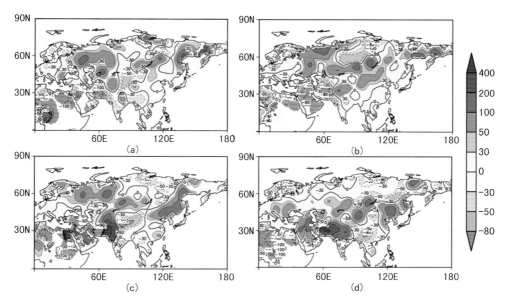

图 2.4　2012 年春（a）、夏（b）、秋（c）和冬季（d）欧亚降水距平百分率分布

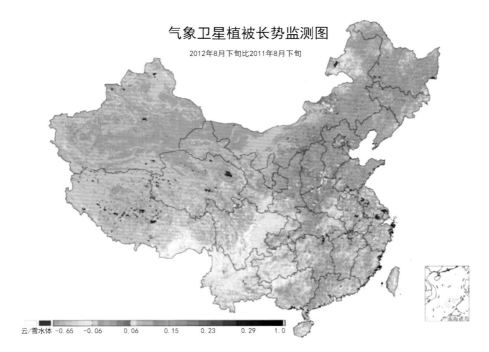

图 2.5　2012 年 8 月下旬气象卫星植被长势与 2011 年同期之差值分布图

3 2013 年沙尘天气过程纪要表

编号	起止时间	过程类型	主要影响系统	扬沙和沙尘暴主要影响范围	风力
201301	2 月 24 日	扬沙	冷锋、地面低压	甘肃中西部、内蒙古西南部等地的部分地区出现扬沙或浮尘，其中甘肃中部局地沙尘暴。	3～4 级，部分地区 5 级
201302	2 月 28 日－3 月 1 日	扬沙	蒙古气旋、冷锋	甘肃西部、宁夏北部、陕西北部、山西大部、河北北部、北京、天津及内蒙古中部、河南西北部等地出现扬沙或浮尘。	5～7 级，局部地区 8 级
201303	3 月 5－6 日	扬沙	冷锋	甘肃大部、内蒙古西部出现扬沙。	5～6 级，局部地区 7 级
201304	3 月 8－10 日	沙尘暴	蒙古气旋、冷锋	新疆南部、甘肃大部、内蒙古西部、宁夏大部、陕西大部、四川东北部、重庆北部、山西大部、河北中部、京津地区、河南中北部、辽宁中西部、山东南部，以及湖北局部地区出现扬沙或浮尘；其中新疆南疆盆地、甘肃西部局部地区、内蒙古西部、陕西北部地区出现了沙尘暴。	4～6 级，部分地区 7 级
201305	3 月 11－12 日	扬沙	冷锋	新疆南疆盆地、青海西北部和中部、甘肃大部、宁夏大部、内蒙中西部、陕西西南部、辽宁中北部局地出现了扬沙或浮尘，其中青海西北部、甘肃中部出现了沙尘暴。	4～5 级，局部地区 6 级
201306	4 月 7 日	扬沙	冷锋	新疆南疆盆地北部、甘肃西部、内蒙古西部、宁夏北部、陕西北部以及山西西北部出现了扬沙或浮尘。	4～6 级，局部地区 7 级

（续表）

编号	起止时间	过程类型	主要 影响系统	扬沙和沙尘暴主要影响范围	风力
201307	4 月 17－18 日	扬沙	冷锋	新疆南疆盆地、甘肃中西部、内蒙古西部、宁夏大部、陕西北部、陕西中部和河南中部局地出现扬沙，新疆南疆盆地北部、内蒙古西部、甘肃中西部、宁夏北部局地出现沙尘暴。	5～6 级，部 分 地区 7 级
201308	5 月 18 日	扬沙	蒙古气旋、冷锋	内蒙古西部、宁夏北部出现扬沙，其中拐子湖、吉兰太和阿拉善左旗出现沙尘暴。	5～6 级，局 部 地区 7 级
201309	11 月 9－10 日	沙尘暴	冷锋	新疆南疆盆地大部、敦煌等地出现扬沙，其中塔中、铁千里克、若羌等地出现沙尘暴。	4～5 级，局 部 地区 6 级
201310	11 月 23 日	扬沙	冷锋	甘肃中西部、内蒙古西部、宁夏北部出现扬沙，其中拐子湖出现沙尘暴。	4～6 级，局 部 地区 7 级

4 2013 年逐月沙尘天气日数分布图

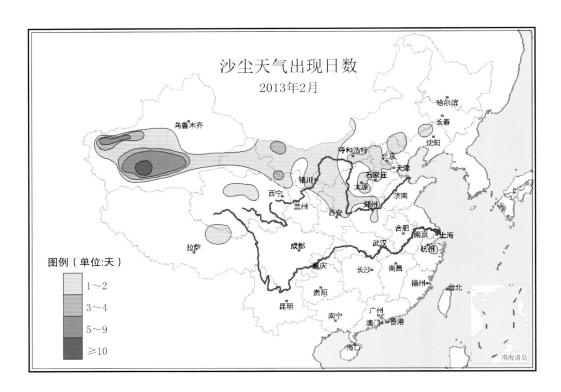

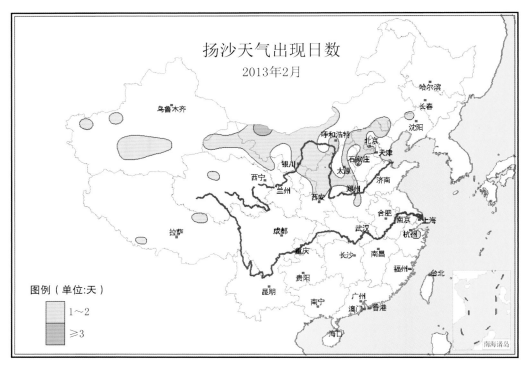

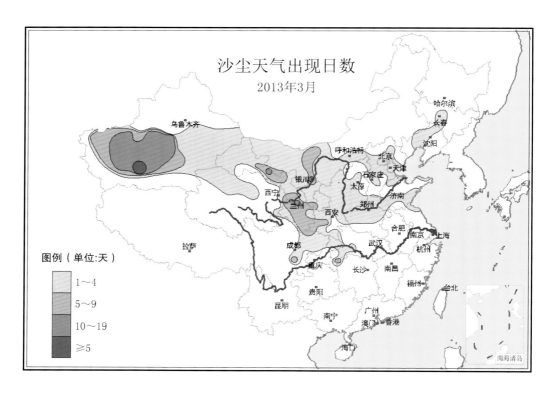

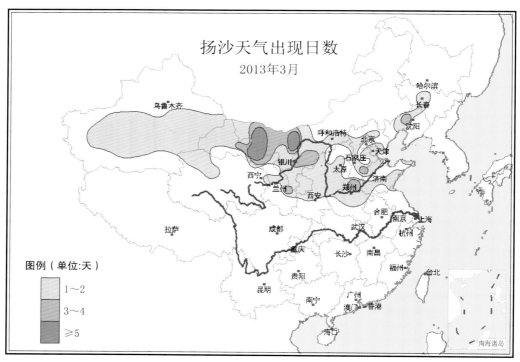

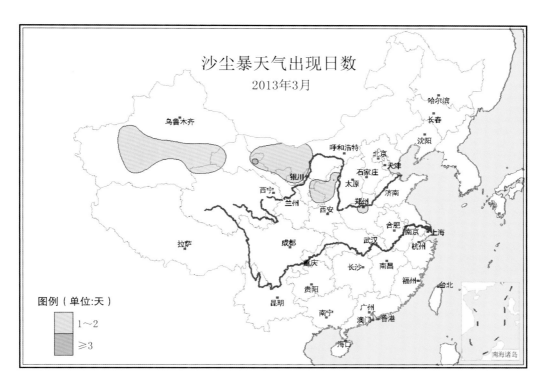

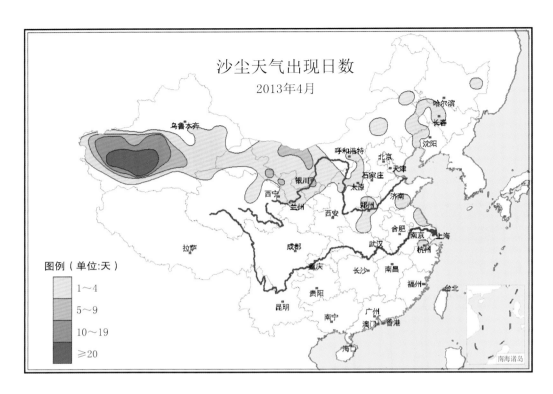

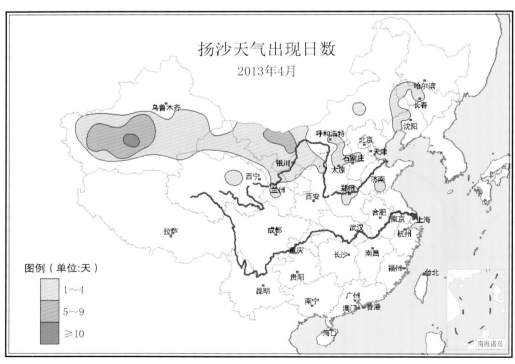

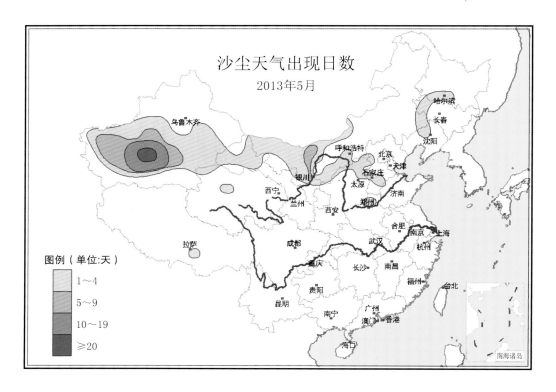

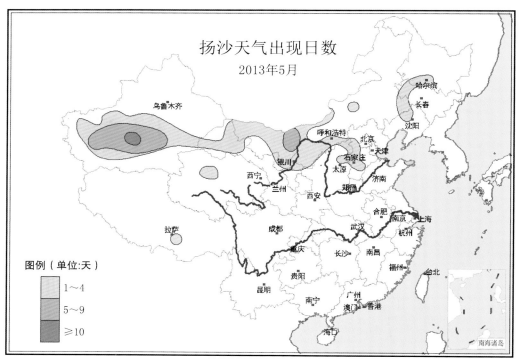

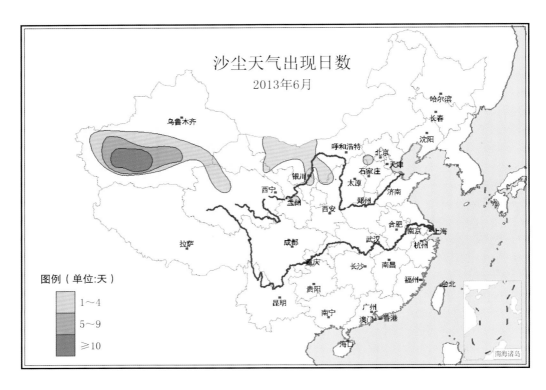

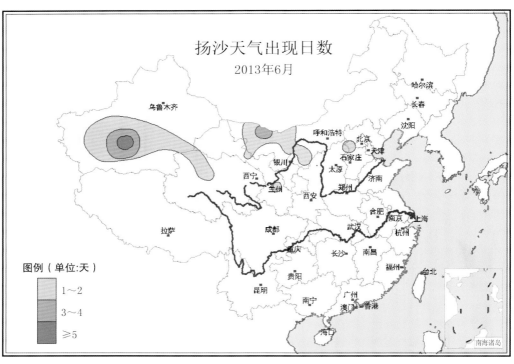

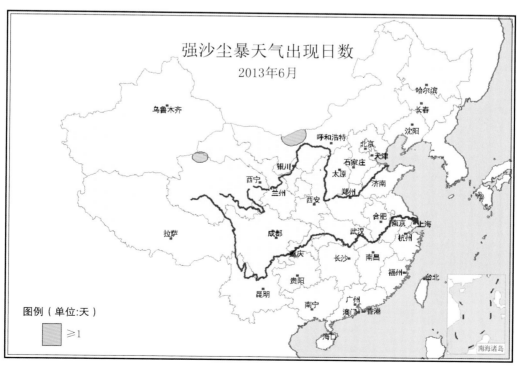

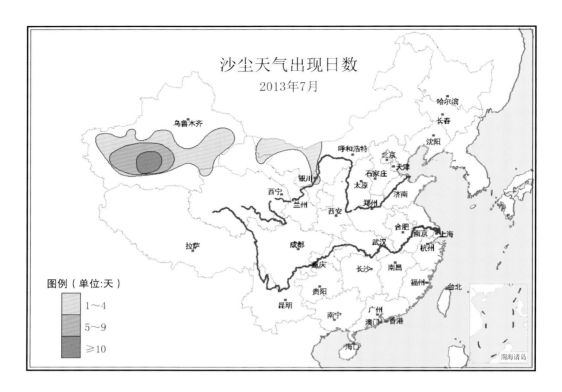

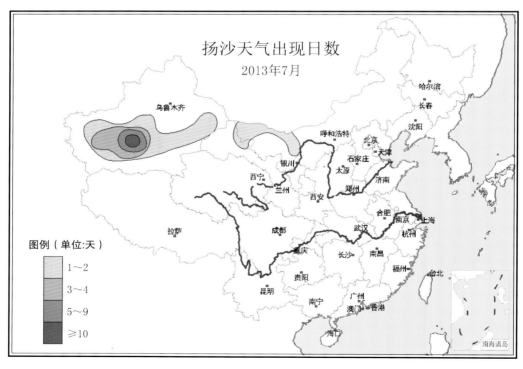

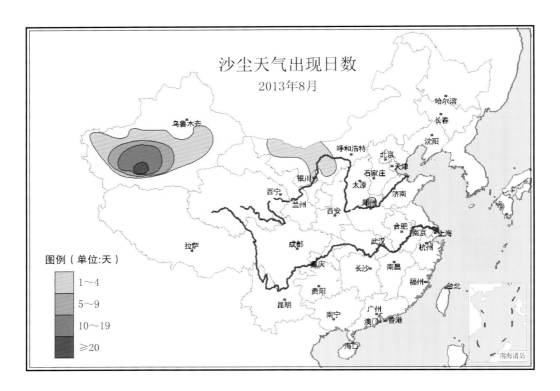

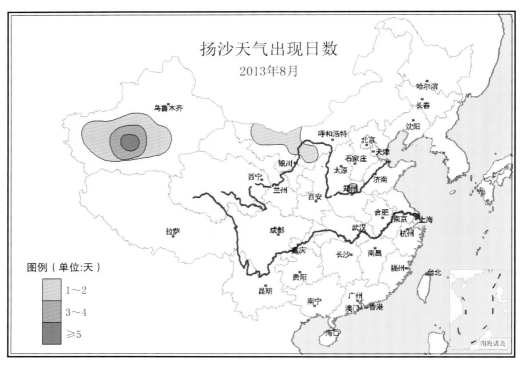

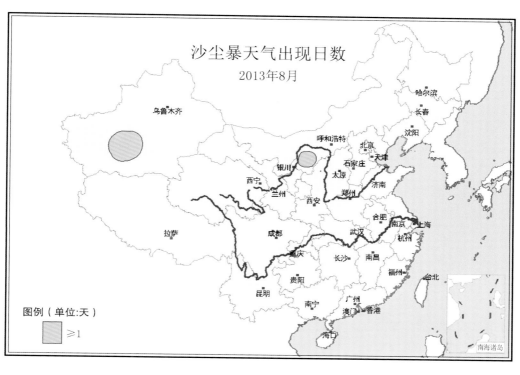

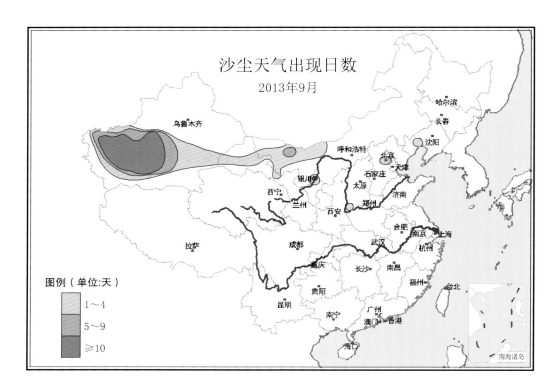

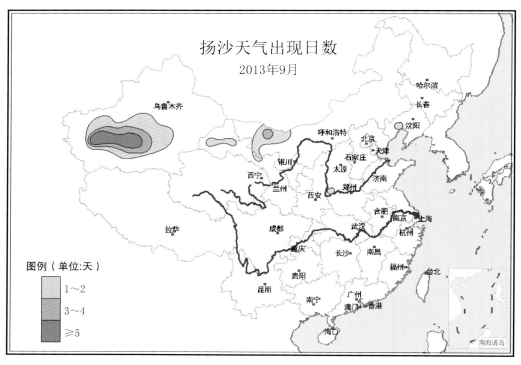

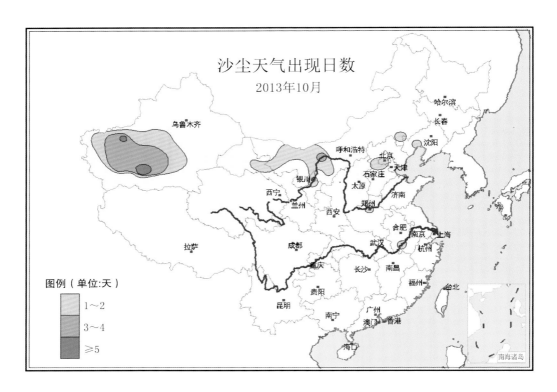

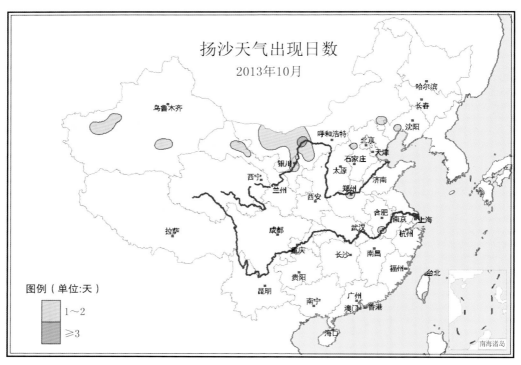

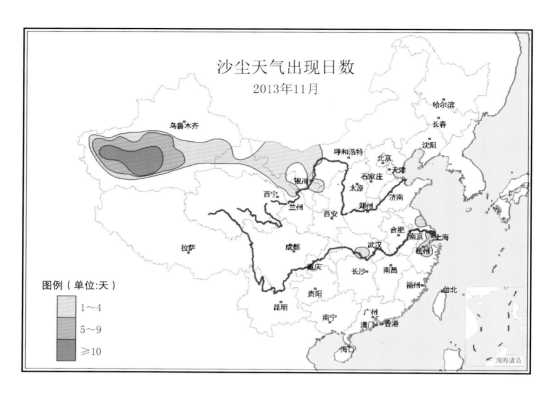

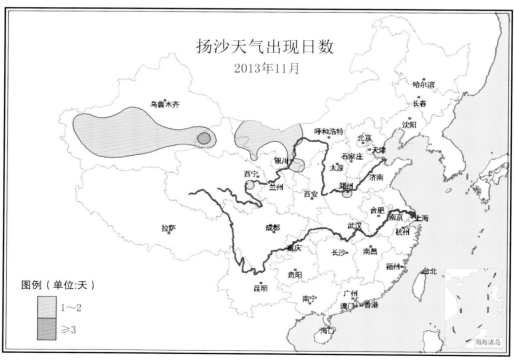

5　2013 年沙尘天气过程图表

5.1　2 月 24 日扬沙天气过程

5.1.1　沙尘天气过程描述

起止时间	2 月 24 日
类　型	扬沙天气过程
最大风速（单位：m/s） 及出现地点	13 甘肃：鼎新
最小能见度（单位：km） 及出现地点	0.9 甘肃：酒泉
沙尘路径	西北路径型
沙尘暴范围	甘肃西部局部地区
强沙尘暴地点	/
影响系统	冷锋、地面低压

5.1.2　沙尘天气范围图

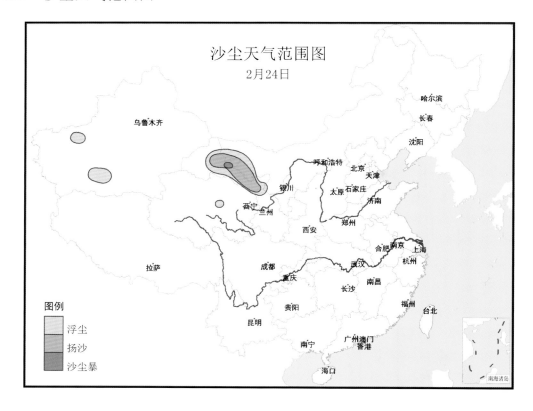

沙尘天气范围图
2月24日

图例
浮尘
扬沙
沙尘暴

5.1.3　2 月 24 日 20 时 500 hPa 环流形势图

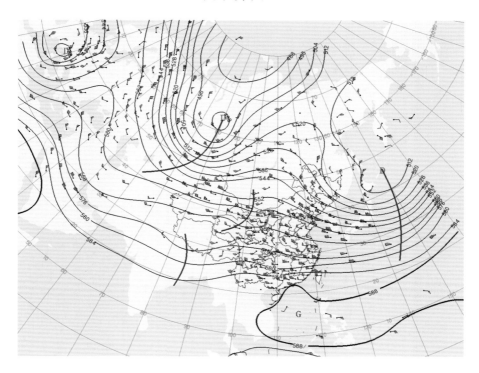

5.1.4　2 月 24 日 20 时地面天气图

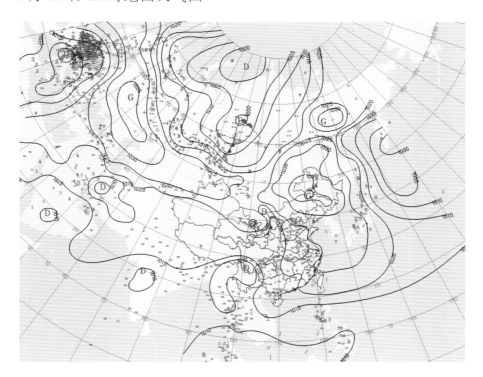

5.1.5   气象卫星监测图

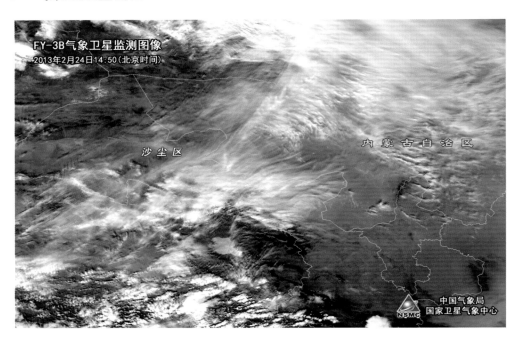

5.2   2 月 28 日－3 月 1 日扬沙天气过程

5.2.1   沙尘天气过程描述

起止时间	2 月 28 日－3 月 1 日
类　型	扬沙天气过程
最大风速（单位：m/s）及出现地点	18 河北：怀来
最小能见度（单位：km）及出现地点	0.6 山西：横山
沙尘路径	西北路径型
沙尘暴范围	/
强沙尘暴地点	/
影响系统	冷锋，蒙古气旋

5.2.2 沙尘天气范围图

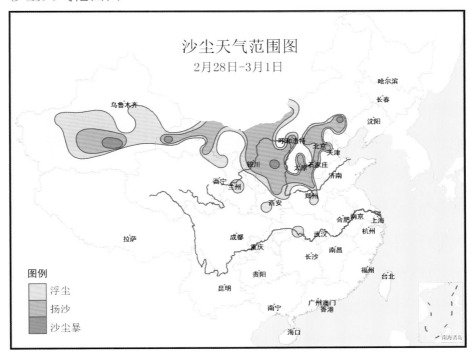

5.2.3 2 月 28 日 08 时 500 hPa 环流形势图

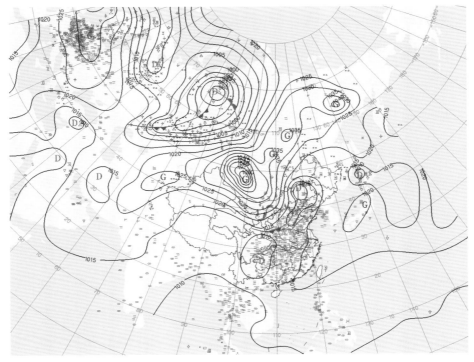

5.2.4 2月28日08时地面天气图

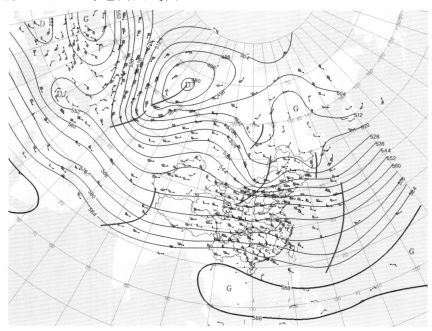

5.2.5 气象卫星监测图

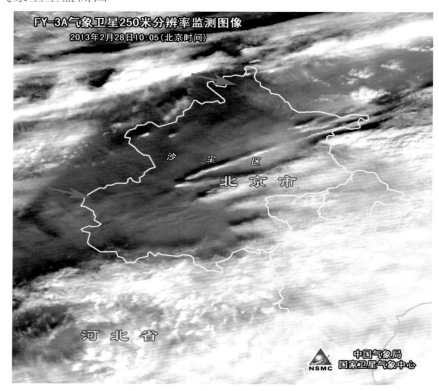

5.3 3月5－6日扬沙天气过程
5.3.1 沙尘天气过程描述

起止时间	3月5－6日
类　型	扬沙天气过程
最大风速（单位：m/s）及出现地点	12 甘肃：酒泉、张掖；青海：茫崖
最小能见度（单位：km）及出现地点	0.1 新疆：民丰
沙尘路径	西北路径型
沙尘暴范围	/
强沙尘暴地点	/
影响系统	冷锋

5.3.2 沙尘天气范围图

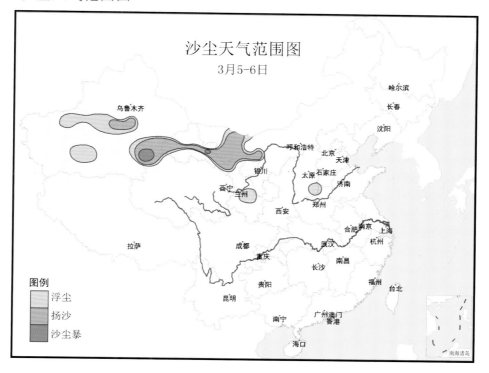

5.3.3　3 月 5 日 20 时 500 hPa 环流形势图

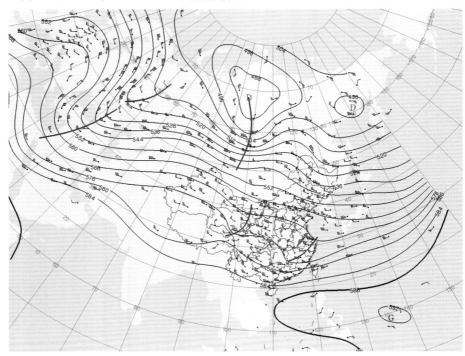

5.3.4　3 月 5 日 20 时地面天气图

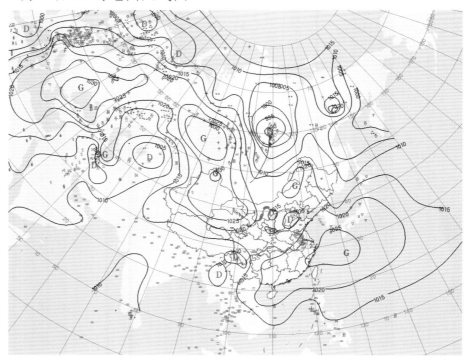

5.3.5　气象卫星监测图

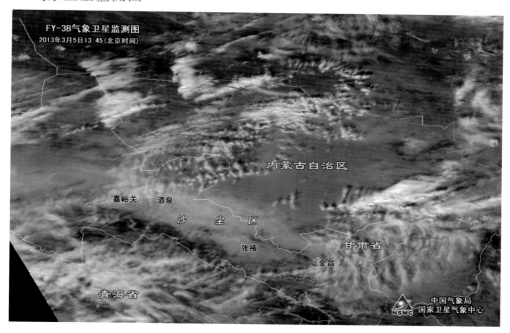

5.4　3月8－10日沙尘暴天气过程

5.4.1　沙尘天气过程描述

起止时间	3月8－10日
类　型	沙尘暴天气过程
最大风速（单位：m/s）及出现地点	18 内蒙古：呼和浩特
最小能见度（单位：km）及出现地点	0.2 新疆：阿克苏
沙尘路径	偏西路径型
沙尘暴范围	新疆南疆盆地、甘肃西部局部地区、内蒙古西部、陕西北部
强沙尘暴地点	/
影响系统	蒙古气旋、冷锋

5.4.2　沙尘天气范围图

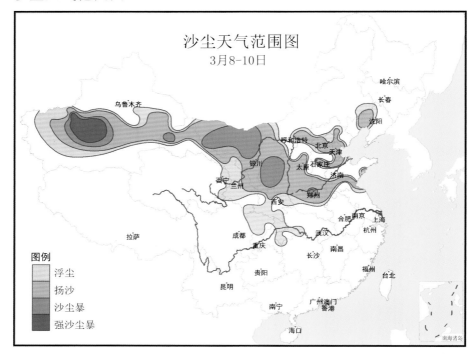

5.4.3　3 月 8 日 20 时 500 hPa 环流形势图

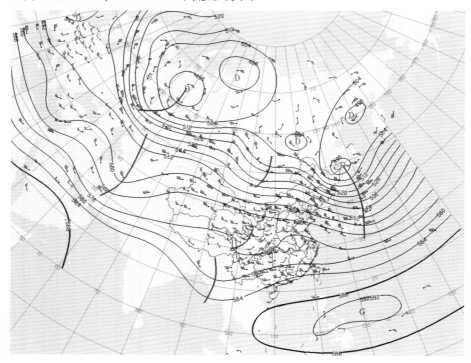

5.4.4 3 月 8 日 20 时地面天气图

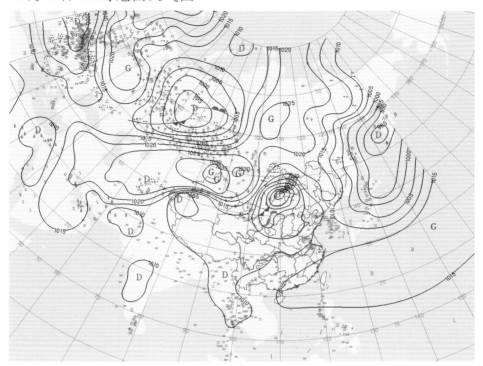

5.4.5 气象卫星监测图

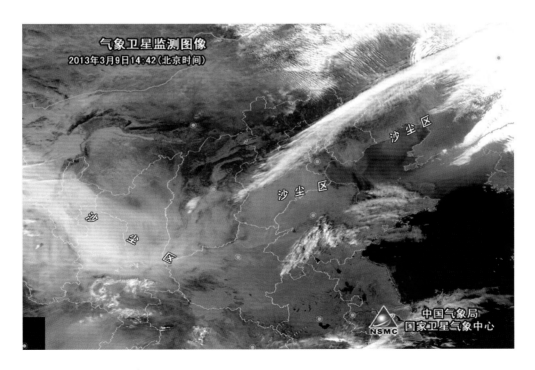

5.5　3 月 11－12 日扬沙天气过程

5.5.1　沙尘天气过程描述

起止时间	3 月 11－12 日
类　型	扬沙天气过程
最大风速（单位：m/s）及出现地点	13 青海：茫崖
最小能见度（单位：km）及出现地点	0.1 新疆：民丰
沙尘路径	偏西路径型
沙尘暴范围	青海西北部、甘肃中部
强沙尘暴地点	/
影响系统	冷锋

5.5.2　沙尘天气范围图

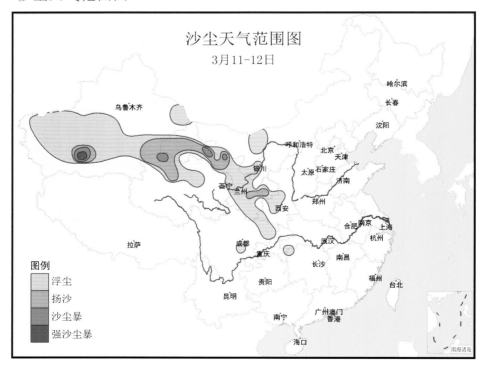

5.5.3 3 月 12 日 08 时 500 hPa 环流形势图

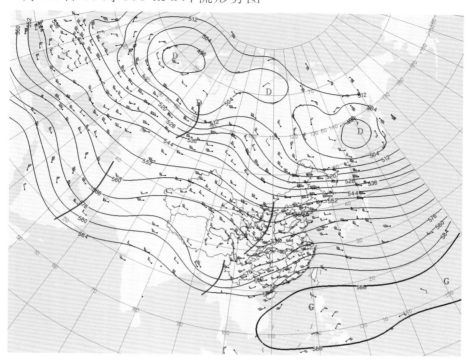

5.5.4 3 月 12 日 08 时地面天气图

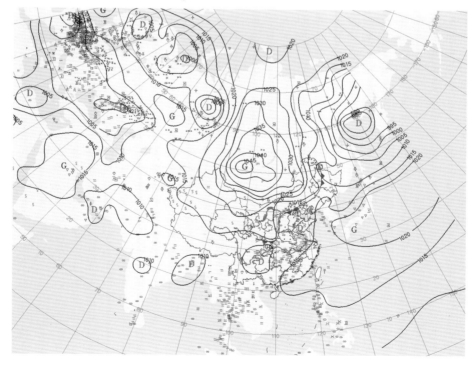

5.5.5 气象卫星监测图

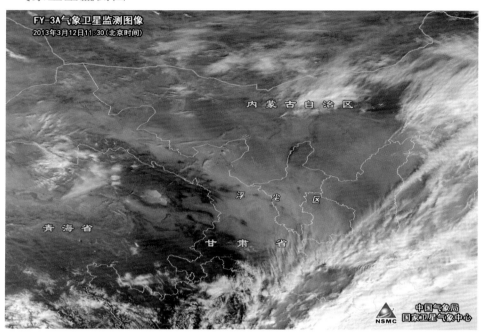

5.6 4月7日扬沙天气过程

5.6.1 沙尘天气过程描述

起止时间	4月7日
类　　型	扬沙天气过程
最大风速（单位：m/s） 及出现地点	14 甘肃：金塔
最小能见度（单位：km） 及出现地点	2 内蒙古：吉兰太
沙尘路径	西北路径型
沙尘暴范围	/
强沙尘暴地点	/
影响系统	冷锋

5.6.2 沙尘天气范围图

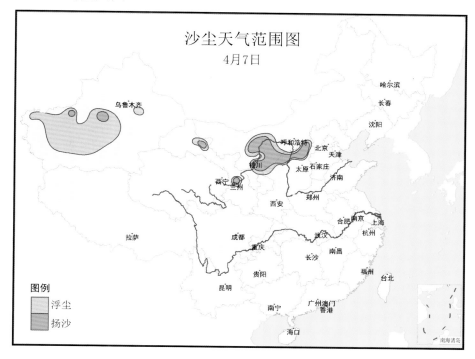

5.6.3 4 月 7 日 08 时 500 hPa 环流形势图

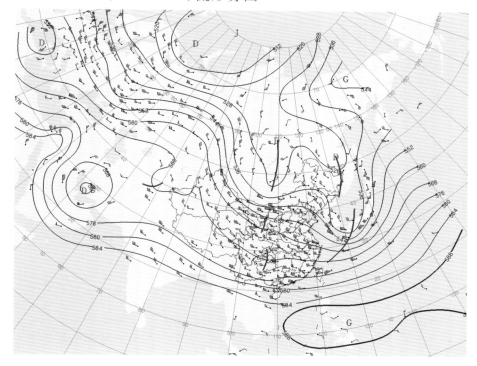

5.6.4 4 月 7 日 08 时地面天气图

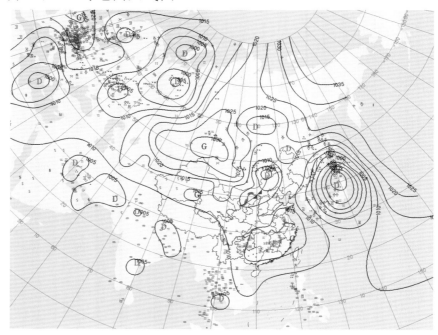

5.6.5 气象卫星监测图

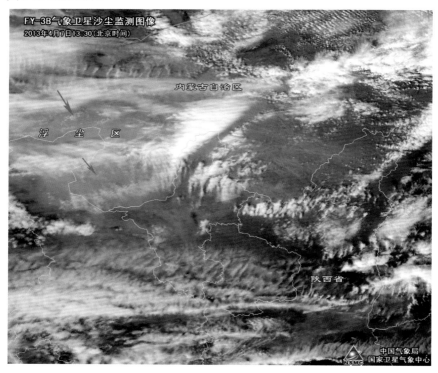

5.7 4月17－18日扬沙天气过程

5.7.1 沙尘天气过程描述

起止时间	4月17－18日
类　型	扬沙天气过程
最大风速（单位：m/s）及出现地点	16 内蒙古：拐子湖、海力素
最小能见度（单位：km）及出现地点	0.1 新疆：民丰、和田、莎车
沙尘路径	偏西路径型
沙尘暴范围	新疆南疆盆地北部、内蒙古西部、甘肃中西部、宁夏北部的局部地区
强沙尘暴地点	/
影响系统	冷锋

5.7.2 沙尘天气范围图

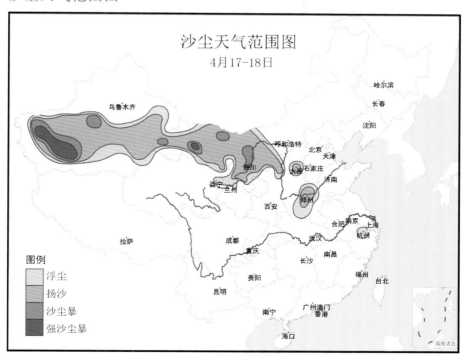

5.7.3 4 月 17 日 20 时 500 hPa 环流形势图

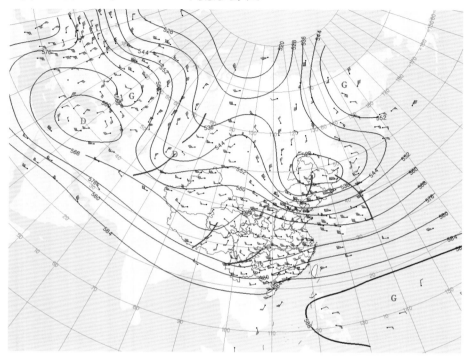

5.7.4 4 月 17 日 20 时地面天气图

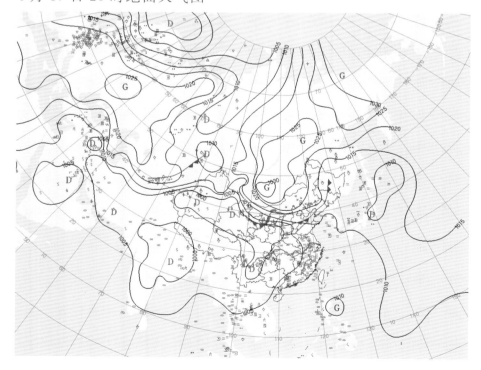

5.7.5　气象卫星监测图

5.8　5 月 18 日扬沙天气过程

5.8.1　沙尘天气过程描述

起止时间	5 月 18 日
类　　型	扬沙天气过程
最大风速（单位：m/s）及出现地点	16 内蒙古：二连浩特
最小能见度（单位：km）及出现地点	0.6 内蒙古：拐子湖
沙尘路径	偏北路径型
沙尘暴范围	拐子胡、吉兰太、阿拉善左旗
强沙尘暴地点	/
影响系统	冷锋、蒙古气旋

5.8.2 沙尘天气范围图

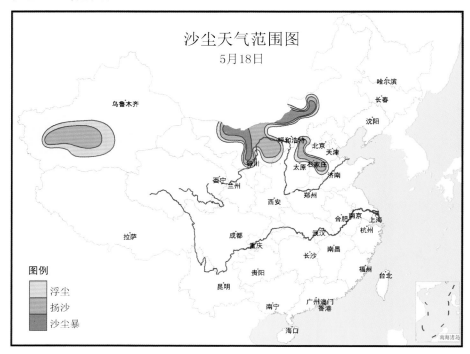

5.8.3 5 月 18 日 08 时 500 hPa 环流形势图

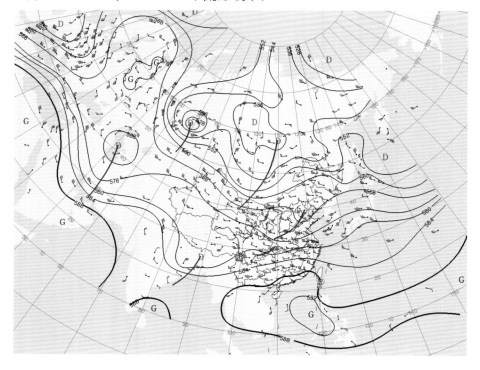

5.8.4 5 月 18 日 08 时地面天气图

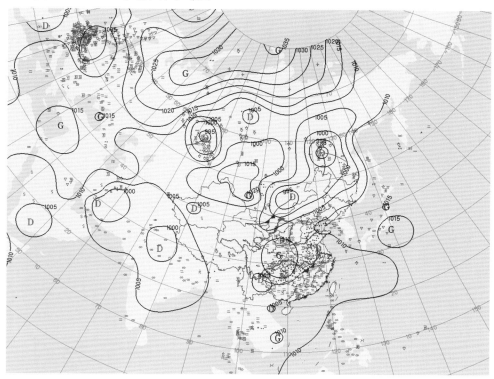

5.8.5 气象卫星监测图

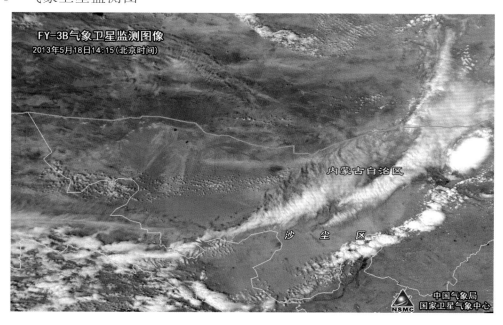

5.9 11月9－10日沙尘暴天气过程

5.9.1 沙尘天气过程描述

起止时间	11月9－10日
类　型	沙尘暴天气过程
最大风速（单位：m/s）及出现地点	13 甘肃：敦煌
最小能见度（单位：km）及出现地点	0.1 新疆：铁干里克、若羌
沙尘路径	局地型
沙尘暴范围	新疆：塔中、铁千里克、若羌
强沙尘暴地点	/
影响系统	冷锋

5.9.2 沙尘天气范围图

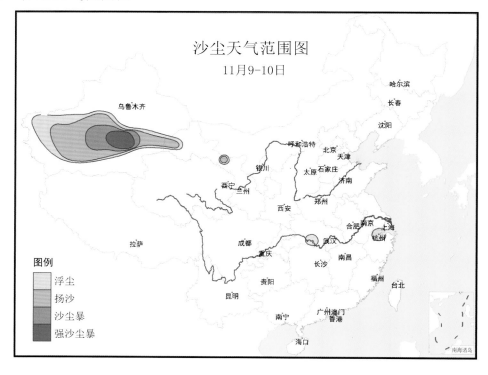

5.9.3 11 月 9 日 20 时 500 hPa 环流形势图

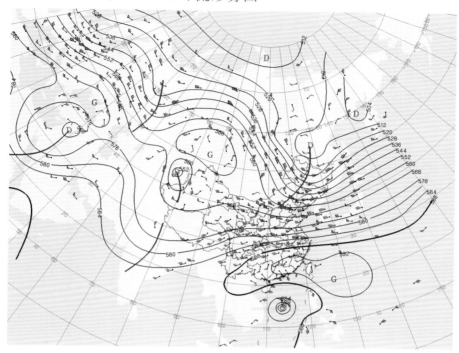

5.9.4 11 月 9 日 20 时地面天气图

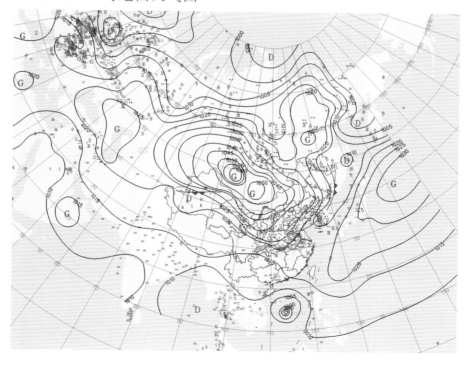

5.9.5　气象卫星监测图

5.10　11 月 23 日扬沙天气过程

5.10.1　沙尘天气过程描述

起止时间	11 月 23 日
类　　型	扬沙天气过程
最大风速（单位：m/s）及出现地点	16 甘肃：鼎新
最小能见度（单位：km）及出现地点	0.7 内蒙古：拐子湖
沙尘路径	偏西路径型
沙尘暴范围	内蒙古：拐子湖
强沙尘暴地点	/
影响系统	冷锋

5.10.2 沙尘天气范围图

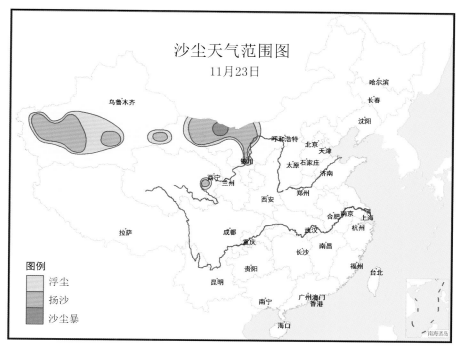

5.10.3 11 月 23 日 08 时 500 hPa 环流形势图

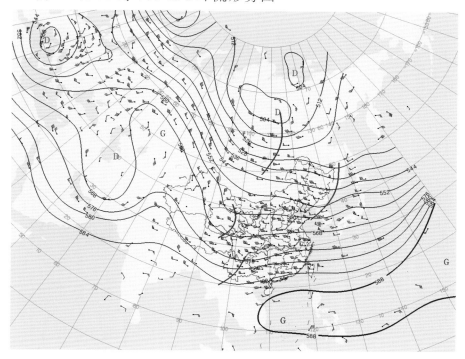

5.10.4 11月23日08时地面天气图

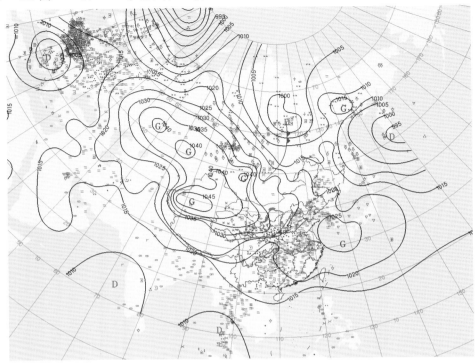

5.10.5 气象卫星监测图

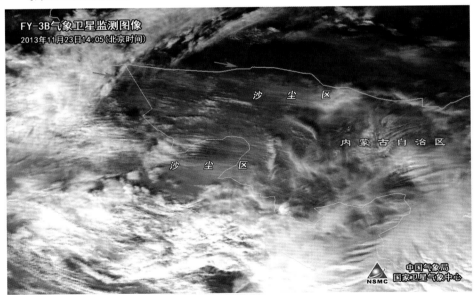